GRIGORIJ OSTER

101 LUSTIGE MATHEAUFGABEN

Illustrationen:
Alexander Strohmaier

BAND 1

Titel: 101 lustige Matheaufgaben
Autor: Grigorij Oster (Григорий Остер)
Titel der russischen Originalausgabe: Zadačnik (Задачник)
ISBN: 5-257-00905-6, Copyright © 1995: Grigorij Oster
Copyright © 2009 für die deutschsprachige Ausgabe: Edition Liaunigg e. U.
Erich Liaunigg
Krottenbachstraße 3/2/3
1190 Wien
Österreich
E-mail: info@edition-liaunigg.at
Internet: http://www.edition-liaunigg.at
Illustrationen: Alexander Strohmaier
Übersetzung: Erich Liaunigg
Lektorat: Sigrid Strauß
Korrektur: Sigrid Strauß, Mihnea Hristea
Scans: Albert Winkler, Viennapaint
Druck: GEMI s.r.o. Prag
Printed in Czech Republic
Published by arrangement with Elena Kostioukovitch International Literary
Agency.
ISBN: 978-3-902712-01-1

 = schwere Aufgabe

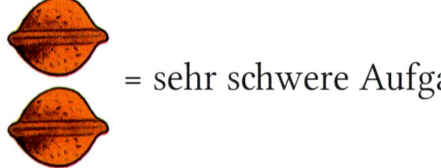 = sehr schwere Aufgabe

Vorwort

Soll ich Ihnen einen sadistischen Witz erzählen? Kommt ein Kinderbuchautor zu seinen Lesern und sagt: „Ich hab für euch ein neues Büchlein geschrieben – Matheaufgaben."
Das ist wahrscheinlich so, als würde man am Geburtstag anstatt einer Torte einen Topf mit Haferschleim hinstellen. Aber ehrlich gesagt ist das vor euch liegende Buch kein richtiges Aufgabenbuch.

An die Lehrer

Nein, nein. Das hier sind schon richtige Aufgaben, und zwar ungefähr für die zweite bis vierte Schulstufe. Alle Aufgaben haben eine Lösung und helfen, den in der entsprechenden Klasse durchgenommenen Stoff zu festigen. Es ist jedoch nicht die Hauptaufgabe dieser „Matheaufgaben", den Stoff zu festigen, und diese Aufgabe steht auch in keinem Zusammenhang mit dem, was sich unterhaltsame Mathematik nennen könnte. Ich denke, dass diese Aufgaben kein wie immer geartetes professionelles Interesse eines Siegers der Mathematikolympiade hervorrufen können. Die Aufgaben sind gerade für jene gedacht, die die Mathematik nicht besonders lieben, die für gewöhnlich die Lösung von Aufgaben für eine langweilige und geistlose Sache halten. Sollen gerade jene daran zu zweifeln beginnen!

An die Schüler

Liebe Kinder! Dieses Buch heißt nur zum Spaß „Matheaufgaben", damit man es während der Mathematikstunde lesen kann und nicht unter der Bank verstecken muss. Und falls sich ein Lehrer darüber empört, dann sagt einfach: „Was wollen Sie denn? Selbst das russische Unterrichtsministerium empfiehlt es!"

1 Im Zimmer vergnügen sich 47 Fliegen. Peter öffnet das Fenster und scheucht mit dem Küchentuch 12 Fliegen hinaus. Aber bevor er es schafft, das Fenster wieder zu schließen, kommen 7 Fliegen wieder zurück. Wie viele Fliegen vergnügen sich jetzt im Zimmer? Löse diese Aufgabe auf zwei verschiedene Arten.

2 In der Küche gibt es 39 Fliegen. 6 Fliegen trinken aus einer Pfütze auf dem Tisch Tee. 12 kreisen um die Lampe und der Rest geht an der Decke spazieren. Wie viele Fliegen gehen an der Decke spazieren?

3 Wenn man sich leise an Großvater und Papa von hinten heranschleicht und plötzlich „Hurra!" ruft, dann springt Papa 18 cm hoch. Der schon gebrechliche Großvater springt nur 5 cm hoch. Um wie viel Zentimeter höher als Großvater springt Papa, wenn er das unerwartete „Hurra!" hört?

4 Die zwei Zahlen 5 und 3 kamen einmal zu einem Ort, an dem viele Differenzen herumlagen, und sie begannen, die ihre zu suchen. Finde die Differenz zwischen den beiden Zahlen heraus.

5 Im Lift befindet sich der Knopf für das Parterre 1 m und 20 cm vom Boden entfernt. Die Knöpfe für die weiteren Stockwerke sind jeweils um 10 cm höher als der vorherige. Bis zu welchem Stock kann ein 90 cm großer Junge fahren, wenn er springend bis auf eine Höhe kommt, die 45 cm höher ist als er selbst?

6 Wenn man auf die eine Waagschale Leonie setzt, die 45 kg wiegt, und dazu noch Natalie, die um 8 kg weniger wiegt, und auf die andere Waagschale 89 kg Bonbons, wie viel Kilogramm Bonbons müssen dann diese armen Mädchen essen, damit sich unsere Waage im Gleichgewicht befindet?

7 Katja ist 1 m und 75 cm groß. Sie schlaft ausgestreckt unter der Decke, deren Länge 155 cm beträgt. Wie viele Zentimeter ragt Katja unter der Decke hervor?

8 Seine Freunde dachten sich eine Aufgabe mit Peter aus: Unser Freund Peter isst übel schmeckende Nudeln mit einer Länge von 60 km. Am ersten Tag isst er ⅕ aller Nudeln, am zweiten Tag ¼ aller Nudeln. Wie viele Kilometer übel schmeckender Nudeln isst Peter in diesen zwei Tagen?

9 In eine spezielle Kiste kann man 68 Hühnereier hineinlegen. Wenn man sie mit den Füßen hineintritt, dann haben auf einmal 100-mal mehr Eier Platz. Wie viele zertretene Eier kann man in 3 solcher Kisten unterbringen?

10 Peter Petrowitsch hatte beim Fischen großes Glück. Am Sonntag fing er 3-mal einen goldenen Fisch und jeder erfüllte ihm je 3 Wünsche. 7-mal bat Peter Petrowitsch um Wurstbrote und die anderen Wünsche wurden mit je 1 kg Seehecht erfüllt. Wie viel Kilogramm Seehecht brachte Peter Petrowitsch am Sonntag vom Fischen nach Hause?

11 Peter Petrowitsch hofft, Würmer zum Fischen auszugraben, und wühlt mit einer Geschwindigkeit von 30 cm in der Minute in die Erde. In einer Tiefe von 1 m und 20 cm befindet sich eine Hochspannungsleitung, die das örtliche Fernsehstudio mit Strom versorgt, das gerade eine Sendung zum Thema „Wohin geht man zur ärztlichen Versorgung?" bringt. Nach wie vielen Minuten kommt diese interessante Sendung zu einem Ende?

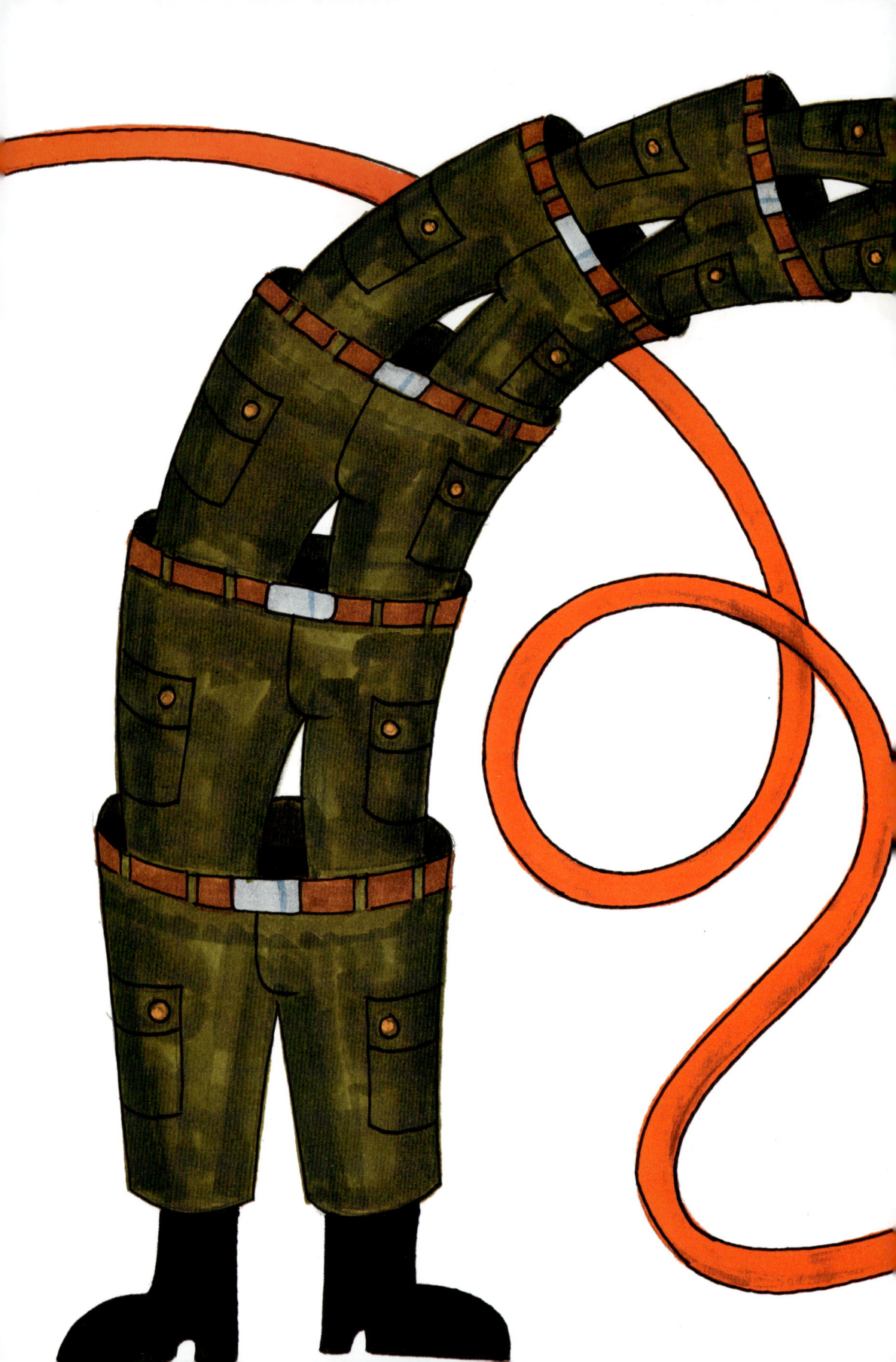

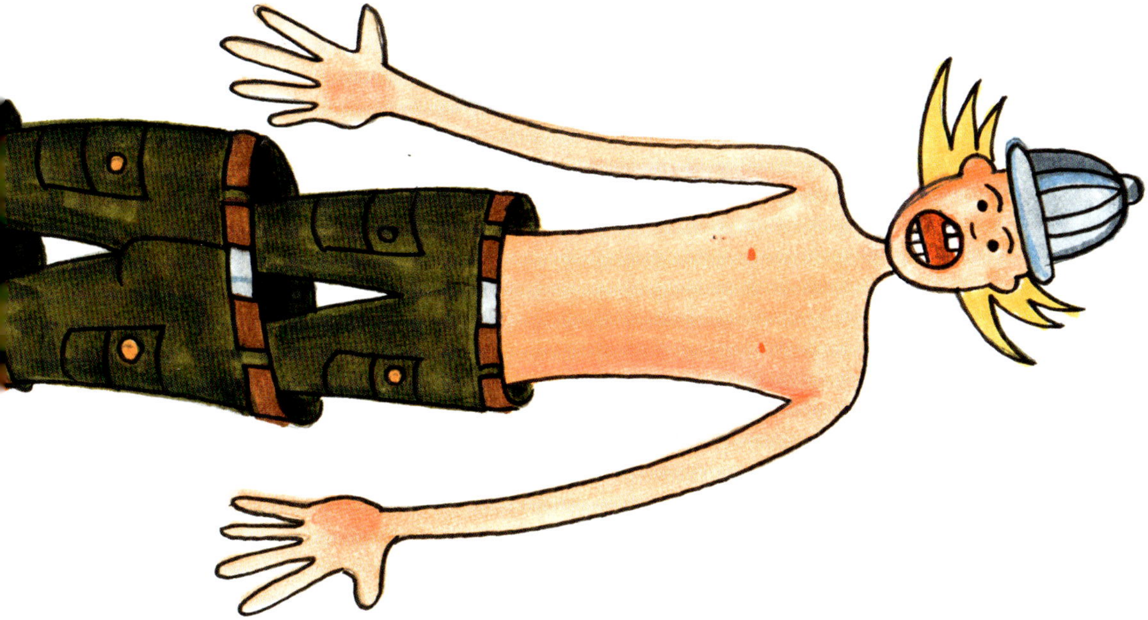

12 Unsere Feuerwehrmänner lernen in ihrer Ausbildung, ihre Hosen in 3 Sekunden anzuziehen. Wie viele Hosen kann ein gut ausgebildeter Feuerwehrmann in 5 Minuten anziehen?

13 In Großmutters Schrank ist ein Glas mit 650 Gramm Konfitüre versteckt. Der Enkel Gustav hat herausgefunden, wo das Glas steht, und isst daraus täglich 5 Löffel Konfitüre. Wie viel Gramm Konfitüre findet die Großmutter nach 20 Tagen, wenn bekannt ist, dass Gustav mit jedem Löffel 5 Gramm Konfitüre genascht hat?

14 Ein Schokokringel hat 1 Loch und eine Brezel hat doppelt so viele Löcher. Um wie viele Löcher weniger sind in 7 Kringeln als in 12 Brezeln?

15 Während der Aufführung war in einem Theatersaal für 450 Personen in 15 Reihen pro 25 Sitze je 1 Platz frei und in 3 Reihen waren pro 24 Plätze je 2 Plätze frei. Alle anderen Plätze waren mit Besuchern besetzt. Finde heraus, wie viele Besucher während der Aufführung im Theatersaal waren.

16 22 Mädchen spazierten im Wald und fanden 88 Pilze, dann verirrte sich die Hälfte der Mädchen. Um wie viel größer ist die Anzahl der gefundenen Pilze als die Anzahl der verirrten Mädchen?

17 Als der Gartenbesitzer mit der Flinte in den Garten ging, fielen vom ersten Apfelbaum 4 Nachbarn und vom anderen um 3 Nachbarn mehr. Wie viele Nachbarn fielen vom zweiten Baum?

18 14 Kinder waren im Schwimmkurs. 3 von ihnen können noch nicht schwimmen und 2 sind schon untergegangen. Wie viele Kinder haben schon schwimmen gelernt und sind noch nicht untergegangen?

19 Am ersten September, als sich die Lehrerin Frau Dinkel mit ihren Schülern bekannt machte, entdeckte sie unter ihnen 5 Natalien und 3 Peter. Viktore gab es doppelt so viele wie Natalien und Peter zusammengenommen und Lenas gab es 4-mal weniger als Viktore. Wie viele Lenas gab es am ersten September in der Klasse?

20 Wenn Michi sich auf die Zehenspitzen stellt und seine Hände in die Höhe streckt, dann kommt er bis zum unteren Brett des Küchenschranks, auf dem das Salz, der Pfeffer und der Senf stehen. Der Abstand zwischen dem unteren Regalbrett und dem oberen, auf dem die Erdbeerkonfitüre steht, beträgt 48 cm. Michi wächst im Monat um 2 cm. Wie viele Jahre braucht Michi, um zur Erdbeerkonfitüre zu gelangen, ohne auf einen Stuhl zu steigen?

21 Auf den Schultern des Zirkusartisten Dünnbein sitzen seine Frau Elvira, die 2 erwachsenen Töchter Anja und Tanja und die 3 kleinen Söhne Georg, Gregor und Gernot. Wie viele Menschen sitzen auf den Schultern des Zirkusartisten?

22 Peter stellt eine Aufgabe über seine Freunde: Meine Freunde haben zu viel Birnen gegessen und müssen Rizinusöl trinken. Alle Freunde zusammen verbrauchen 12 Fläschchen Rizinusöl. Jeder nimmt 12 Löffel. 30 Löffel Rizinusöl passen in ein Fläschchen. Wie viele Freunde habe ich?

23 Vom ersten Baum holte man 164 Birnen und vom zweiten 5 Jungen, die oben jeweils 27 Birnen gegessen hatten. Danach erntete man vom zweiten Baum noch 94 Birnen. Wie viele Birnen waren auf beiden Bäumen?

24 Das Hühnchen Rjaba legte 1 Ei. Aber ein Mäuschen nahm das Ei und zerschlug es. Da legte Rjaba noch 3 Eier. Das Mäuschen zerschlug auch diese. Rjaba nahm sich sehr zusammen und legte noch 5 Eier, doch das gewissenlose Mäuschen zerschlug auch diese. Aus wie vielen Eiern hätten die Großeltern Rührei machen können, wenn das übermütige Mäuschen sie nicht zerschlagen hätte?

25 In der Hausapotheke befanden sich 27 verschiedene Arzneien. Zwei kleine Jungen öffneten die Apotheke und begannen, von den Arzneien zu kosten. Ein Junge probierte 5 Arzneien und fiel wortlos zu Boden. Der andere probierte 3 Arzneien und lief laut schreiend davon. Wie viele Arzneien bleiben unverkostet?

26 In einem Wassertropfen sitzen 4 468 Mikroben, im zweiten Tropfen sitzen doppelt so viele wie im ersten und im dritten Tropfen sitzen ¼ vom ersten. Wie viele Mikroben sitzen im weltbekannten Wissenschaftler Albert Zweistein, wenn er diese Tropfen mit Baldriantropfen verwechselt und sie in einem Zug trinkt?

27 Wenn man das kleine Kläuschen zusammen mit der Großmutter wiegt, ergeben sich 59 kg. Wenn man die Großmutter ohne Kläuschen wiegt, sind es 54 kg. Wie schwer ist Kläuschen ohne Großmutter?

28 Der Radfahrer Arthur träumt davon, mit Katja auf seinem Rad auszufahren, als er sich mit 18 km/h einem Baum nähert. Wie lange dauert Arthurs Traum, wenn ihm bis zum Baum noch 25 m bleiben?

29 Der eine Autobusfahrer spart im Monat 89 Liter Benzin. Ein anderer Fahrer ist überhaupt nirgends hingefahren und hat 30-mal mehr gespart als der erste. Finde heraus, wie viel Benzin der erste Fahrer im Monat verbraucht hat, wenn bekannt ist, dass an beide Fahrer gleich viel Benzin ausgegeben worden ist.

30 Ein Boxer, ein Karatekämpfer und ein Gewichtheber verfolgen einen Radfahrer mit einer Geschwindigkeit von 12 km/h. Können sie den Radfahrer einholen, wenn dieser sich für ein Stündchen hinlegt, nachdem er 45 km mit einer Geschwindigkeit von 15 km/h gefahren ist?

31 Die Schüler der Klasse 3a haben insgesamt 56 Ohren. Ihre Lehrerin Frau Dinkel hat um 54 Ohren weniger. Wie viele Ohren kann man während des Unterrichts in der Klasse 3a zählen?

32 Friedrich war fest entschlossen, dem älteren Jörg ein rechteckiges Brett auf den Kopf zu schlagen, das eine Breite von 15 cm und eine Länge von 60 cm hat. Geht das auch genauso mit einem rechteckigen Brett, das 15 cm breit ist und eine Fläche von 900 cm² hat?

33 Mama hat sich einige Kakteen besorgt. Als die dreijährige Moni mit Papas Rasierapparat sorgfältig die Hälfte von Mamas Kakteen rasiert hat, bleiben Mama noch 12 stachelige Kakteen übrig. Wie viele unrasierte Kakteen hat sich Mama angeschafft?

34 Die Klasse 2a ging zum Zahnarzt, der insgesamt 12 Milchzähne zog. Dann kam die Klasse 2b zum Zahnarzt und er zog um 4 Milchzähne mehr. Wie viele Milchzähne ließen beide Klassen beim Zahnarzt, wenn man weiß, dass ein Zweitklässler seinen gezogenen Zahn mit nach Hause genommen hat?

35 40 Großmütter machten einen Ausflug auf ihren Motorrädern. Vorne fuhr die flotteste Großmutter alleine auf einem Motorrad ohne Schalldämpfer, hinter ihr jagten 3 Beiwagenmaschinen, auf denen je 3 Großmütter Platz hatten, und von hinten rasten die restlichen Motorräder heran. Auf diesen verbliebenen Motorrädern saßen jeweils 2 Großmütter. Wie viele Motorräder hatten die Großmütter insgesamt?

36 Wenn man eine kürzlich von Wissenschaftlern entdeckte Mikrobe 20 Millionen Mal vergrößert, könnte man sie mit freiem Auge sehen, da die Länge ihrer Fänge dann genau 1 cm betragen würde und die Breite ihres Gebisses 2 cm. Wie groß wären die Länge der Fänge und die Breite des Gebisses, wenn man diese Mikrobe noch einmal um das 74-Fache vergrößerte, und was passiert mit einem Wissenschaftler, dem diese Mikrobe in einer engen Gasse begegnet?

37 Um immer sauber zu sein, braucht ein Mensch 24 Stück Seife im Jahr. Wenn man nur die Fersen und die Ohren wäscht, braucht man 8-mal weniger. Zum Waschen eines Ohres verbraucht man 1 Stück Seife im Jahr. Wie viel Seife verbraucht man für die Fersen?

38 Marina machte beim Diktat 12 Fehler und Gregor, der bei ihr alles abgeschrieben hat, 32 Fehler. Wie viele zusätzliche Fehler machte Gregor beim Diktat?

39 Ist der Quotient gleich dem Dividenden, wenn man vor der Division den Dividenden mit dem Divisor multipliziert?

40 Zwei Jungen aßen 6 kg Honig. In den einen Jungen passen 3 kg hinein. Wie viel Kilogramm finden im anderen Jungen Platz? In einen Jungen passen 4 Flaschen Cola. Wie viel Flaschen passen in 12 genauso gebaute Jungen?

41 Wie viele Löcher gibt es in der Tischdecke, wenn man sie während des Essens 12-mal mit einer Gabel mit 4 Zinken durchstößt?

42 Papa, Mama und die ältere Schwester essen zu Abend. Der kleine Bruder Jakob aber sitzt unter dem Tisch und sägt mit einer Geschwindigkeit von 3 cm pro Minute am Tischbein. Nach wie vielen Minuten ist das Abendessen beendet, wenn die Breite des Tischbeins 9 cm beträgt?

43 In der Schulgarderobe liegt Saschas Mantel mit einem abgebrochenen Kleiderhaken auf dem Boden. 361 Mäntel hängen an ganzen Kleiderhaken. Wie viele Mäntel bleiben in der Schulgarderobe hängen und wie viele liegen auf dem Boden herum, nachdem Sascha auf der Suche nach seinem zwischen den Mänteln verloren gegangenen Schal 50 Kleiderhaken abgebrochen hat, seinen Mantel vom Boden aufgehoben hat und nach Hause gegangen ist?

44 Bei der Erziehung seines Sohnes nutzt Papa 2 Gürtel im Jahr ab. Wie viele Gürtel verbraucht Papa für alle 12 Schuljahre, wenn bekannt ist, dass sein Sohn die fünfte Klasse 2-mal wiederholen muss?

45 Im Haus gibt es 12 Tassen und 9 Untertassen. Die Kinder zerschlagen die Hälfte der Tassen und 7 Untertassen. Wie viele Tassen bleiben ohne Untertasse?

46 Auf einer kleinen quadratischen und sonst unbewohnten Insel, deren Seitenlänge 153 m beträgt, wohnten 7 802 Robinsons, die einen Schiffbruch überlebt hatten. Finde heraus, wie viel Quadratmeter jedem Robinson bleiben, nachdem sich noch ein Robinson auf die Insel geschleppt hat?

47 In der 6 m² großen Küche verschüttet der Großvater Kleingeld. Von jedem Quadratmeter sammelt die Großmutter 45 Cent auf. Wie groß ist die gesamte „Ernte"?

48 Die Außerirdischen, die die Goetheschule besuchen, unterscheiden sich stark von den Erdbewohnern. Jeder hat 4 Hände, 4 Beine und 2 Gewissen. Um wie viel kleiner ist die Summe dieser Aufzählung beim Schüler Stefan Stultschikow, wenn bekannt ist, dass er so viele Hände und Beine hat wie ein normaler Mensch, aber ganz und gar kein Gewissen?

49 Ein unermüdlicher Junge geht 3 km in 30 Minuten. Wie viele Stunden braucht dieser unermüdliche Junge für 60 km?

50 Beim pädagogischen Rat versammelten sich 40 starke Lehrerinnen und alle begannen der Reihe nach, einen armen Drittklässler auszuschimpfen. Jede Lehrerin beschimpfte den Armen 12 Minuten lang. Wie lange beschimpfte man den armen Drittklässler?

51 Vom Hafen bewegen sich gleichzeitig ein Motorschiff und ein Fußgänger um 14 Uhr in entgegengesetzter Richtung weg. Das Schiff fährt mit einer Geschwindigkeit von 40 km/h und der Fußgänger läuft mit einer Geschwindigkeit von 10 km/h. Wenn der Fußgänger nach 2 Stunden umkehrt und zuerst mit einer Geschwindigkeit von 20 km/h läuft und dann mit 160 km/h mit einem Schiff fährt, holt er dann das erste Schiff bis 19 Uhr ein?

52 Leo vergrub sein Heft mit Sechsern in einer Tiefe von 5 m, Theo aber vergrub sein Heft in einer Tiefe von 12 m. Wie viel Meter tiefer vergrub Theo sein Heft mit Sechsern?

53 Archäologen der Zukunft werden einmal zwei verschiedene Hefte mit einer großen Anzahl an Sechsern ausgraben. In Leos Heft finden sich 224 versteinerte Sechser und in Theos ¼ dieser Zahl. Wie viele versteinerte Sechser werden die Archäologen in den beiden Heften finden?

54 Mama hat sich eine bestimmte Menge an teurem Schmuck besorgt. Nachdem Moni die Hälfte des Schmuckes beim Fenster hinausgeworfen hat, bleiben Mama noch 3 Ringe und 2 Broschen. Welche Menge an teurem Schmuck flog durch das Fenster?

55 Ein Zirkus hat 30 Reihen, in jeder Reihe 120 Plätze. Jeden Abend ist der Zirkus voll und alle Zuschauer lachen aus vollem Halse. Wie viele Menschen lachen jeden Abend im Zirkus aus vollem Halse?

56 Ein Reisender schickte sich an, 45 km zu gehen, doch ihn störte ein kleiner Nagel, der in seinem linken Schuh steckte. Der Nagel ist 1 cm lang. Finde heraus, wievielmal kürzer der Nagel ist als die Distanz, die der Reisende wegen des Nagels nicht zurücklegen konnte.

57 Sascha saß daheim und machte Hausaufgaben. Zwei Stunden saß er am Schreibtisch. 20 Minuten bohrte er in der Nase und dachte an Eis. 10 Minuten kramte er in der Schultasche nach einem Radiergummi, um eine misslungene Zeichnung aus dem Geografieheft auszuradieren, für die er 40 Minuten gebraucht hatte. Die restliche Zeit konjugierte Sascha französische Verben. Wie viele Verben konjugierte Sascha, wenn er für jedes Verb 25 Minuten brauchte?

58 Aus zwei Dörfern, die sich in einem Abstand von 16 km zueinander befinden, gingen um 9 Uhr zwei Klatschtanten jeweils mit einer Geschwindigkeit von 8 km/h aufeinander zu. Wie lange konnten sie miteinander plaudern, nachdem sie sich getroffen hatten, wenn bekannt ist, dass sie um 12 Uhr auseinandergingen?

59 Niemand kennt die Zahl, die sich, nachdem sie sich verdoppelt im Spiegel betrachtet hatte, als 8 11 sah. Was war das für eine Zahl vor ihrer Verdopplung?

60 Die erste Klatschtante redet mit einer zweiten und spricht dabei 127 Wörter pro Minute. Die zweite spricht 132 Wörter pro Minute. Wie viele Wörter sagen die Klatschtanten einander, wenn sie 2 Stunden gleichzeitig und ununterbrochen miteinander reden, ohne einander zuzuhören?

61 Ein Autofahrer fährt mit einer Geschwindigkeit von 80 km/h aus der Stadt A Richtung Dorf B. Nach 3 Stunden wird sein Reifen von einem krummen Nagel durchbohrt. Aus dem Dorf B fährt ein Radfahrer mit einer Geschwindigkeit von 16 km/h in die Stadt A. Nach 3 Stunden durchsticht derselbe krumme Nagel ebenfalls seinen Reifen. Finde den Abstand zwischen der Stadt A und dem Dorf B heraus.

62 Sascha hatte 6 Karamellbonbons und Katja hatte einige Karamellbonbons mehr. Um herauszufinden, um wie viel Karamellbonbons Katja mehr hat, nahm Sascha von ihr so viele Bonbons, wie er selbst hatte, und begann, sie sich in den Mund zu stecken, um zu sehen, ab wie vielen Bonbons in seinem Mund Katja beginnen würde zu heulen. Es stellte sich heraus, dass Katja bei 2 Bonbons im Mund anfing zu heulen. Wie viele Karamellbonbons hatte Katja zu Beginn?

63 Zwei Passagiere stiegen gleichzeitig in denselben Zug ein, der zur Station C fuhr, und bewegten sich in entgegengesetzter Richtung. Die Geschwindigkeit des Passagiers, der nach vorne ging, betrug 2 Meter in der Sekunde und die des anderen, der nach hinten ging, 1 Meter pro Sekunde. Der Zug fuhr mit einer Geschwindigkeit von 64 km und 800 Meter pro Stunde. Berechne die Geschwindigkeit, mit der sich der erste Passagier der Station C nähert, und die Geschwindigkeit des zweiten Passagiers.

64 Am Montag borgte sich Leo von Theo 2 Bonbons und aß sie genüsslich. Am Dienstag borgte sich Leo von Theo 4 Bonbons. 2 gab er für die vom Montag zurück und 2 aß er genüsslich. Am Mittwoch borgte sich Leo von Theo 6 Bonbons. 4 gab er sofort zurück und die 2 verbliebenen aß er. Am Donnerstag borgte sich Leo von Theo 10 Bonbons. 2 wurden genüsslich gegessen und 8 Stück wurden dankbar zurückgegeben. Antworte auf die vier Fragen:

1. Wie viele Bonbons hat Leo von Theo insgesamt bekommen?
2. Wie viele Bonbons hat er Theo zurückgegeben?
3. Wie viele Bonbons hat Leo gegessen?
4. Wie viele Bonbons schuldet Leo Theo noch?

65 12 Menschen standen während starken Regens an einer Bushaltestelle. Der Bus kam angefahren und spritzte 5 Leute an. Die anderen schafften es, in die stacheligen Büsche zu springen. Wie viele zerkratzte Passagiere fuhren mit dem Bus, wenn bekannt ist, dass 3 nicht aus den Dornen herauskommen konnten?

66 Die Länge der Platte einer Schulbank beträgt 110 cm, die Breite 50 cm. Wie viele mit Pfeilen durchbohrte Herzen ritzt der stupsnasige Simon in seine Bank, wenn bekannt ist, dass er die gesamte Platte mit Herzen bedeckt und jedes Herz eine Fläche von 20 cm² in Anspruch nimmt?

67 Leo und Theo halbierten einen Apfel und sahen, dass auch zwei Würmer sich anschickten, den Apfel zu essen. Leo trennte die Hälfte von seinem Teil des Apfels ab und überließ sie einem Wurm. Dasselbe tat auch Theo. Den wievielten Teil des Apfels bekam jeder Wurm?

68 Zwei Würmer aßen einen Apfel und beschlossen, auch noch eine Birne zu essen. Es waren aber gerade Leo und Theo dabei, diese Birne zu essen. Welchen Teil der Birne werden sich die beiden Würmer untereinander aufteilen, wenn Leo $\frac{2}{7}$ der Birne isst und Theo $\frac{6}{14}$?

69 Während des Versteckspiels verstecken sich 5 Jungen in einem leeren Kalkfass, 7 in einem leeren Fass für grüne Farbe, 4 in einem für rote Farbe und 9 in einer Kohlenkiste. Der Junge, der sie suchen sollte, fiel versehentlich in ein Fass für gelbe Farbe. Wie viele bunte Jungen gab es und wie viele schwarz-weiße spielten verstecken?

70 Die Seitenlänge eines quadratischen Spiegels beträgt 10 dm. Wie groß ist die Fläche des Spiegelbildes der Prinzessin Nesmejana, wenn das Spiegelbild die gesamte Fläche des Spiegels einnimmt, während sie sich vergnügt betrachtet?

71 Als Leo zur Geburtstagsfeier seines Freundes Theo kam, wog er zusammen mit dem Geschenk 26 kg und 100 Gramm. Auf der Party aß er 40 Bonbons zu je 10 Gramm, 10 Äpfel zu je 100 Gramm, 12 Brötchen zu je 110 Gramm und eine Torte mit 2 kg und 500 Gramm als Ganzes. Wie viel wog Leo, als er von Theos Geburtstagsfeier wegging, wenn bekannt ist, dass er sein Geschenk wieder mitgenommen hat?

72 Leo wiegt zusammen mit der Hose und dem Geschenk, das er schon zu drei Geburtstagsfeiern mitgebracht hat, 26 kg und 100 Gramm. Wenn man Leo die Hose auszieht, wird er um 400 Gramm leichter. Wie viel wiegt Leo ohne Hose, aber mit Geschenk?

73 1 Drittklässler kann 3 Erstklässler verprügeln, aber schon 4 Erstklässler können 1 Drittklässler verhauen. Wer siegt zuerst und wer letzten Endes, wenn sich 12 Drittklässler und 48 Erstklässler prügeln und dann aufgrund der Hilferufe noch 5 Erstklässler und 3 Drittklässler herangelaufen kommen?

74 Es waren einmal ein Großvater und eine Großmutter, die einen Garten von rechtwinkliger Form hatten. Die Länge des Gartens betrug 20 m und die Fläche 200 m². Einmal stritten sich der Großvater und die Großmutter und beschlossen, sich für immer zu trennen und den Garten zu teilen. Der Großvater hatte nun einen quadratischen Garten, dessen Seitenlänge 10 m betrug. Den Rest bekam die Großmutter. Finde heraus, ob der Großvater und die Großmutter den Garten gerecht geteilt haben.

75 Ein Junge hatte einen Albtraum, in dem er von 5 Tigern, 8 Löwen und 12 Mathematiklehrerinnen gejagt wurde. Am Anfang lief der Junge im Traum sehr schnell und die Löwen hatten einen Abstand von 40 km, die Tiger von 28 km und die Mathematiklehrerinnen von 30 km. Aber dann konnte er nicht schneller als mit 1 km/h laufen, so sehr er sich auch bemühte. Der Junge lief im Traum weiter und die Tiger jagten ihn nun mit einer Geschwindigkeit von 4 km/h, die Löwen mit 7 km/h und die Mathematiklehrerinnen mit einer Geschwindigkeit von 6 km/h. Wer fängt den Jungen in diesem Traum und wer nicht, wenn bekannt ist, dass der Wecker 8 Stunden nach dem Zeitpunkt läutet, an dem der Junge angefangen hat, mit 1 km/h zu laufen?

76 40 Großmütter fuhren in einem Lift und blieben zwischen den Stockwerken stecken. Die Hälfte der Großmütter begann schweigend, sich auf das Schlimmste vorzubereiten. 18 Großmütter der anderen Hälfte standen ruhig und hofften auf baldige Hilfe. Die restlichen Großmütter erwiesen sich als nervös, drückten der Reihe nach auf alle Knöpfe, schrien „Hilfe!" und schimpften auf die Regierung. Wie viele nervöse Großmütter steckten zwischen den Stockwerken?

77 40 Großmütter kamen zur Namenstagsfeier eines Großvaters. Jede Großmutter brachte als Geschenk 2 Kämme mit. Wie viele Kämme erhielt der vollkommen kahle Großvater von den Großmüttern?

78 Aus einem Terrarium entwischen 3 Ottern, 5 Kobras und 10 Vipern. Die Länge jeder Otter beträgt 1 Meter, die jeder Kobra 1 Meter und 30 cm und die der Vipern 1 Meter und 15 cm. Wie viele Meter an giftigen Schlangen entwischen aus dem Terrarium?

79 Ein Junge lernt ein Gedicht aus 40 Versen. Um einen Vers auswendig zu lernen, braucht er 2 Minuten. Wie viele Minuten braucht der Junge, um das Gedicht zu vergessen, wenn bekannt ist, dass er Gedichte doppelt so schnell vergisst, wie er sie gelernt hat?

80 In eine Schultasche passen nicht mehr als 4 ausgewachsene Igel. Wie viele Taschen braucht man, um 316 ausgewachsene Igel in die Schule mitzubringen?

81 Peter dachte sich eine Zahl aus, verriet sie aber niemandem. Seine Freunde fingen ihn und zwangen ihn, 5 zu dieser Zahl dazuzuzählen und dann 3 abzuziehen. Danach gaben sie ihm so lange Nasenstüber, bis er gestand, dass die Zahl 12 herausgekommen ist. Finde heraus, welche Zahl sich Peter ausgedacht und vor seinen Freunden verborgen gehalten hat.

82 Um sich vor dem Dackel Waldi zu retten, kletterten 40 Großmütter in einen weitverzweigten Baum. Der Baum hatte 18 Äste und auf jedem saßen je 2 Großmütter. Wie viele Großmütter schaukelten ganz oben im Wipfel?

93 In einem Haus brachen zugleich zwei Rohre: eines mit heißem und eines mit kaltem Wasser. Aus dem kalten Rohr liefen 78 Liter eiskaltes Wasser in der Minute in die Wohnung und aus dem heißen 12 Liter kochend heißes Wasser in der Sekunde. Ertrinken die Bewohner dieser Wohnung im eiskalten Wasser oder werden sie gekocht?

94 Um genau 2 Uhr nachts wird auf dem Balkon eines 12-stöckigen Hauses ein Eimer Wasser verschüttet. Das Wasser rinnt in 9 Sekunden bis zur Straße hinunter. Wie viele trockene Minuten verbleiben dem Kater Tarzan, wenn er genau

83 Auf der einen Schale einer Waage, die sich im Gleichgewicht befindet, stehen 3 Elefanten, wovon jeder 5 Tonnen wiegt, und auf der anderen Waagschale liegt die Geduld deiner Eltern. Berechne die Geduld deiner Eltern. Drücke die Geduldsmasse deiner Eltern in Zentnern, Kilogramm und Gramm aus. Finde heraus, für wie viel Jahre die Geduld deiner Eltern auslangt, wenn 1 Gramm für eine Stunde reicht.

84 Die Schüler einer Schule achteten darauf, dass kein Leitungswasser verschwendet wurde. Deshalb kam die Hälfte mit ungewaschenen Händen zum Unterricht. Die andere Hälfte kam nicht nur mit ungewaschenen Händen, sondern auch mit ungewaschenem Gesicht. Wie viele Schüler gibt es in dieser Schule, wenn jeden Tag 290 Jungen und 46 Mädchen mit ungewaschenen Gesichtern in die Schule kommen?

85 Moni ist 2-mal so klug wie Sascha. Sascha ist 3-mal so klug wie Katja. Um wie viel dümmer ist Katja als Moni?

86 Sascha ist 7-mal hinterlistiger als Katja. Katja ist 4-mal so hinterlistig wie Moni. Wievielmal einfältiger ist Moni als Sascha?

87 Sascha ist 8-mal missmutiger als Moni, aber nur 4-mal so missmutig wie Katja. Wievielmal missmutiger ist Katja als Moni?

88 Leo fragte Theo, ob er 5 Dosen Schuhcreme essen könne. Dieser aber aß nur 3. An wie vielen Dosen Schuhcreme konnte sich Theo nicht mehr stärken?

89 Peter Petrowitsch fand einen Haufen Geld. Ein ganzes Jahr lang verbrauchte er 253 Euro pro Monat. Dann besann er sich plötzlich darauf, dass das Geld nur noch für 3 Monate reicht, und das auch nur, wenn er nur 20 Euro pro Monat verbraucht. Die Schwiegermutter Peter Petrowitschs hatte gerade ein Jahr zuvor einen Haufen Geld verloren. Dieser Haufen betrug 3 096 Euro. Was denkst du, hat Peter Petrowitsch gar den Haufen der Schwiegermutter gefunden?

90 Die Waage befindet sich im Gleichgewicht. Auf der einen Schale sitzt der Direktor der Schule, auf der anderen sitzt du und hältst mit beiden Händen eine Hantel. Finde heraus, wie schwer die Hantel ist, die du in beiden Händen hältst.*)

91 Eine Orange, die aus mehreren Spalten besteht, kann man gerecht in 5 Teile teilen und gemeinsam verspeisen. Dadurch erhält jeder je 3 Spalten. Man kann sich aber auch im Kleiderschrank verstecken, sich den Saft reinziehen und schnell die ganze Orange in stolzer Einsamkeit alleine verschnabulieren. Wie viele Spalten bleiben dir in diesem Fall alleine?

---

*) Um diese Aufgabe zu lösen, muss man zum Direktor gehen und fragen, wie viel er wiegt. Das muss der Mutigste aus der Klasse machen. Wenn der Direktor sich weigert, im Guten sein Gewicht zu nennen, kann man statt seiner auch drei schmächtige Mädchen aus der Klasse auf die Waagschale setzen.

92 Peter hat sich eine Aufgabe über seine Freunde ausgedacht: Meine Freunde gingen in 3 Gruppen zu je 12 Freunden in den Zoo. Alle versammelten sich um die 7 Tigergehege, worin sich jeweils 6 Tiger befanden. Die Tiger ärgerten sich, sprangen aus dem Käfig und verschlangen meine Freunde. Finde heraus, für wie viele Tiger kein Freund mehr übrig blieb, wenn bekannt ist, dass in einem Tiger nicht mehr als ein Freund Platz hat.

da sitzt, wo das Wasser herunterkommen wird, und er nun schon 1 Stunde, 57 Minuten und 9 Sekunden sein Lieblingslied singt, das er um Mitternacht begonnen hat?

95 Einem Elefanten werden 9 Eimer Wasser gebracht. Jeder Eimer fasst 6 Liter. 27 Liter hat der Elefant selbst getrunken. Den Rest des Wassers verbraucht er, um den Zoodirektor aus seinem Rüssel mit Wasser zu begießen. Wie viele Eimer Wasser verbraucht der Elefant, um den Zoodirektor zu begießen?

96 Die Fläche eines Elefantenohres beträgt 10 000 cm². Finde heraus, wie viel Quadratzentimeter Fläche die Ohren von 12 gleichen Elefanten haben?

97 Aus zwei Zoos, die 240 km voneinander entfernt sind, laufen Mama Elefant und ein Elefantenkind davon. Die Elefantenmutter läuft mit 20 km/h und das Kind 2-mal langsamer. Nach wie vielen Stunden umarmen sie einander, wenn sie genau aufeinander zulaufen?

98 Nach dem Fußballspiel zwischen den Hofmannschaften eines fünfstöckigen Hauses stellte man nach dem Abzählen fest, dass einige Fensterscheiben fehlten. Im ersten Stock fehlten 12 Scheiben, im zweiten 15, im dritten 17, im vierten 22 und im fünften Stock 18 Scheiben. Wie viele Scheiben müssen die Bewohner des fünfstöckigen Hauses einsetzen?

99 Peter Petrowitsch fuhr mit dem Fahrrad mit einer Geschwindigkeit von 15 km/h. Seine Frau Barbara aber lief voraus und versteckte sich im Gebüsch. Sie wollte plötzlich auf die Straße herausspringen und ihren Mann zum Spaß erschrecken. Peter Petrowitsch fuhr 2 Stunden mit dem Fahrrad, dann stürzte er, fuhr noch 1 Stunde und stürzte wieder, fuhr daraufhin noch 1 Stunde und stürzte wiederum – und alle drei Male in eine Pfütze. Eine Stunde nach dem letzten Sturz Peter Petrowitschs kam er schließlich zum Versteck seiner Frau. Die Frau sprang mit unheimlichem Gebrüll aus den Büschen, aber als sie ihren über und über beschmutzten Mann sah, der sich in drei Pfützen gewälzt hatte, erschrak sie selbst so sehr, dass sie nach Hause stürmte und nach 60 Minuten dort ankam. Finde heraus, mit welcher Geschwindigkeit die erschrockene Frau Peter Petrowitschs nach Hause stürmte.

100 Peter Petrowitsch wohnt im fünften Stock und dreht in die Decke seines Zimmers einen Haken zur Befestigung eines weitverzweigten Lüsters. Die Länge des Hakens beträgt 17 cm. Der Haken dreht sich mit einer konstanten Geschwindigkeit von 2 cm pro Minute in die Decke. Von der Unterseite der Decke des fünften Stocks bis zum Boden des sechsten Stocks sind es 15 cm. Im sechsten Stock sitzt in der Lotosposition Peter Petrowitschs Nachbar, der Yogi Stefan, und denkt

über die Vergänglichkeit alles Seienden nach. Nach wie vielen Minuten hört Peter Petrowitsch das Wehgeschrei seines Nachbarn?

101 Peter Petrowitsch zog sich seine neue Hose an und setzte sich auf einen frisch gestrichenen Hocker. Auf der Hose ergab sich ein quadratischer grüner Fleck. Die Seitenlänge des Flecks betrug 35 cm und die Fläche war 3 000-mal kleiner als der Hauptplatz der Stadt, in der Peter Petrowitsch lebte. Finde die Fläche des Hauptplatzes heraus.

Lösungshilfe

1. $47 - 12 + 7 = 42$; $47 - (12 - 7) = 42$
2. $39 - 6 - 12 = 21$
3. $18 - 5 = 13$
4. $5 - 3 = 2$
5. $90\,\text{cm} + 45\,\text{cm} = 1\,\text{m}\,35\,\text{cm}$; $1\,\text{m}\,20\,\text{cm} < 1\,\text{m}\,35\,\text{cm} < 1\,\text{m}\,40\,\text{cm}$: 1. Stock
6. $(80 - 45 - 45 + 8) \div 2 = 3$
7. $175 - 155 = 20$
8. $60 \div 5 + 60 \div 4 = 27$
9. $68 \times 100 \times 3 = 20\,400$
10. $3 \times 3 - 7 = 2$
11. $120 \div 30 = 4$
12. $60 \div 3 \times 5 = 100$
13. $650 - 20 \times 5 \times 5 = 150$
14. $12 \times 2 - 7 = 17$
15. $450 - 15 - 3 \times 2 = 429$
16. $88 - 11 = 77$
17. $4 + 3 = 7$
18. $14 - 3 - 2 = 9$
19. $(5 + 3) \times 2 \div 4 = 4$
20. $48 \div (12 \times 2) = 2$
21. $1 + 2 + 3 = 6$
22. $30 \times 12 \div 12 = 30$
23. $164 + 2 \times 27 + 94 = 312$
24. $1 + 3 + 5 = 9$
25. $27 - 5 - 3 = 19$
26. $4\,468 + 4\,468 \times 2 + 4\,468 \div 4 = 14\,521$
27. $59 - 54 = 5$

28. $25 \times 3\,600\,\text{s} \div 18\,000\,\text{m} = 5\,\text{s}$
29. $89 \times (30 - 1) = 2\,581$
30. $(45\,\text{km}) \div (15\,\text{km/h}) = 4\,\text{h}; \; 4\,\text{h} \times 12\,\text{km/h} = 48\,\text{km}; \; 48 > 45$: ja
31. $56 + 56 - 54 = 58$
32. $15 \times 60 = 900$: ja
33. $12 \times 2 = 24$
34. $12 + 16 - 1 = 27$
35. $1 + 3 + (40 - 1 - 3 \times 3) \div 2 = 19$
36. $1 \times 74 = 74; \; 2 \times 74 = 148$
37. $24 \div 8 - 1 = 2$
38. $32 - 12 = 20$
39. Ja
40. $6 - 3 = 3; \; 12 \times 4 = 48$
41. $12 \times 4 = 48$
42. $9 \div 3 = 3$
43. $361 - 50 = 311; \; 50$
44. $12 \times 2 + 2 = 26$
45. $12 \div 2 - (9 - 7) = 4$
46. $153 \times 153 \div (7\,802 + 1) = 3$
47. $45 \times 6 = 270 = 2{,}70\,€$
48. $4 + 4 + 2 - 2 - 2 = 6$
49. $60 \div (3 \times 2) = 10$
50. $40 \times 12\,\text{min} = 480\,\text{min} = 8\,\text{h}$
51. $(19 - 10) \times 40 = 360; \; (19 - 10 - 2 \times 2) \times 160 = 800; \; 360 < 800$: ja
52. $12 - 5 = 7$
53. $224 + 224 \div 4 = 280$
54. $3 \times 2 - 3 = 3; \; 2 \times 2 - 2 = 2$
55. $120 \times 30 = 3\,600$
56. $4\,500\,000$
57. $(2 \times 60 - 20 - 10 - 40) \div 25 = 2$
58. $12 - 9 - 16 \div (2 \times 8) = 2$

59. $118 \div 2 = 59$

60. $127 \times 60 \times 2 + 132 \times 60 \times 2 = 31\,080$

61. $80 \times 3 + 16 \times 3 = 288$

62. $6 + 2 = 8$

63. $(64\,800 + 7\,200) \div 1\,000 = 72\,\text{km/h}$; $(64\,800 - 3\,600) \div 1\,000 = 61\,\text{km}$ und $200\,\text{m}$ pro Stunde

64. $2 + 4 + 6 + 10 = 22$; $2 + 4 + 8 = 14$; $2 + 2 + 2 + 2 = 8$; $2 + 2 + 2 + 2 = 8$

65. $12 - 5 - 3 = 4$

66. $110 \times 50 \div 20 = 275$

67. $\frac{1}{2} \div 2 = \frac{1}{4}$

68. $1 - \frac{2}{7} - \frac{6}{14} = \frac{2}{7}$; $\frac{7}{7} - \frac{2}{7} - \frac{3}{7} = \frac{2}{7}$

69. $5 + 9 = 14$; $7 + 4 + 1 = 12$

70. $10 \times 10 = 100$

71. $26\,100 + 40 \times 10 + 10 \times 100 + 12 \times 110 + 2\,500 = 31\,320$

72. $26\,100 - 400 = 25\,700$

73. $48 \div 12 = 4$: die Erstklässler; $53 \div 15 = 3$ Rest 8: die Drittklässler

74. $200 \div 2 = 100$; $10 \times 10 = 100$; $200 - 100 = 100$: ja

75. Löwen: $7 \times 8 = 56 > 40 + 8 = 48$: ja; Tiger: $4 \times 8 = 32 < 28 + 8$: nein; Mathematiklehrerinnen: $6 \times 8 = 48 > 30 + 8$: ja

76. $40 \div 2 - 18 = 2$

77. $40 \times 2 = 80$

78. $3 \times 1\,\text{m} + 5 \times (1\,\text{m}\ 30\,\text{cm}) + 10 \times (1\,\text{m}\ 15\,\text{cm}) = 21\,\text{m}$

79. $40 \div (2 \div 2) = 40$

80. $316 \div 4 = 79$

81. $12 - 5 + 3 = 10$

82. $40 - 18 \times 2 = 4$

83. $3 \times 5 = 15\,\text{t} = 150$ Zentner $= 15\,000\,\text{kg} = 15\,000\,000\,\text{g}$; $15\,000\,000 \div (365 \times 24) = 1\,712$ Rest $2\,880$; $2\,880 \div 24 = 120$: $1\,712$ Jahre und 120 Tage

84. $(290 + 46) \times 2 = 672$

85. $2 \times 3 = 6$

86. $7 \times 4 = 28$

87. $8 \times 4 = 32$

88. $5 - 3 = 2$

89. $253 \times 12 + 20 \times 3 = 3\,096$: ja

90. Gewicht des Schuldirektors – dein Gewicht = Gewicht der Hantel

91. $5 \times 3 = 15$

92. $7 \times 6 - 3 \times 12 = 6$

93. $78 \ll 12 \times 60$: gekocht

94. $2{:}00{:}09 - 1{:}57{:}09 = 3\,\text{min}$

95. $9 \times 6 - 27 = 27$

96. $12 \times 2 \times 10\,000 = 240\,000$

97. $240 \div (10 + 20) = 8$

98. $12 + 15 + 17 + 22 + 18 = 84$

99. $(2 + 1 + 1 + 1) \times 15 = 105$

100. $15 \div 2 = 7\frac{1}{2}$

101. $35 \times 35 \times 3\,000 = 3\,675\,000 : 367\frac{1}{2}\,\text{m}^2$

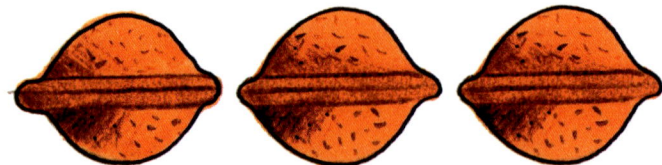